FIRENZE

AVOIR SA BENZ!!

AUTOMOBILES BENZ

SOCIÉTÉ ANONYME AU CAPITAL DE 500.000 FRANCS

PARIS

ADMINISTRATION ET ATELIERS DE RÉPARATIONS

19, AVENUE BUGEAUD

Téléphone : 648-59

MAGASIN DE VENTE ET D'EXPOSITION

7, RUE ROYALE

Téléphone : 247-16

Adresse Télégraphique : AUTOBENZ-PARIS

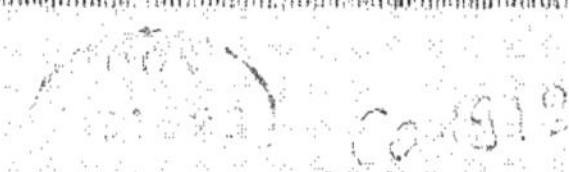

VUE GÉNÉRALE DES USINES BENZ

DESCRIPTION DES USINES BENZ

ES Usines Benz peuvent se dire, à bon droit, les plus anciennes du monde pour la construction des voitures automobiles; c'est en effet en 1885, que sortit de leurs ateliers la première voiture automobile à essence dont on put faire usage. Ce fait acquis, les nombreuses victoires que la marque a remportées dans les grandes courses, la qualité toujours supérieure de sa fabrication, lui ont apporté depuis longtemps la renommée mondiale à laquelle elle pouvait prétendre.

Très osées, malgré tout, pouvaient paraître les dispositions qu'elle prit en 1908, pour agrandir ses ateliers dans d'énormes proportions, en s'installant dans ses nouveaux locaux, alors qu'une crise désastreuse venait à peine de se produire sur le marché automobile.

Le succès, à lui seul, a justifié ces mesures, car depuis le temps où cette transformation se fit, le nombre d'ouvriers employés dans les nouvelles usines a plus que triplé et la vente des automobiles, décuplé. Les nouveaux ateliers fournissent leur maximum de travail et la construction de nouveaux bâtiments est devenue nécessaire pour les agrandir.

Le nombre total d'employés et d'ouvriers occupés dans les diverses usines Benz, ainsi que les maisons de vente, se monte aujourd'hui à 7.000; par ce fait, elles ont droit à la première place parmi les fabricants d'automobiles de toute l'Europe.

Les nouvelles usines servent uniquement à la construction de voitures de luxe. Les différents corps de bâtiments ont été installés et répartis dans l'ordre le plus propice à une production intensive, but visé dès le début.

Sur le bord de la route,

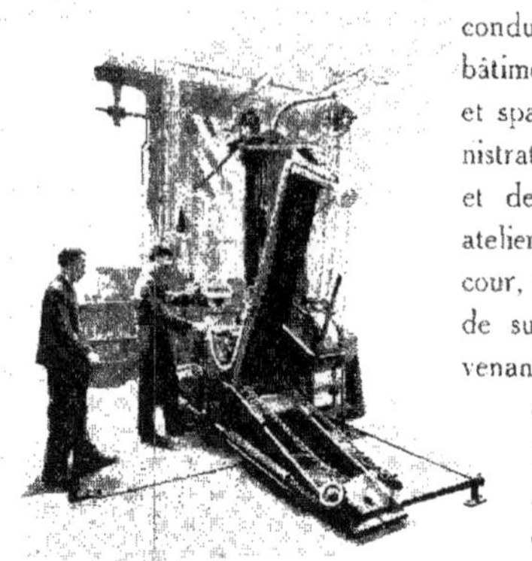

conduisant à l'entrée principale, a été construit un grand bâtiment à deux étages, comprenant des salles hautes et spacieuses, très confortables, pour la direction, l'administration technique et commerciale, les bureaux techniques et de dessin. Ce corps de bâtiment est séparé des ateliers par une grande cour. De l'autre côté de cette cour, se trouve un énorme hall de 15.000 mètres carrés de superficie, dans lequel on usine les pièces brutes venant de la fonderie et de la forge; c'est là, en un mot, qu'on prépare le châssis de la voiture. Dans cet atelier, sont délimités divers espaces réservés au montage ou à l'usinage des différents organes du châssis : le montage des moteurs, le montage des changements de vitesse, l'assemblage du châssis, la fabrication des radiateurs, les essais au frein.

Le travail de chaque pièce se fait au moyen de machines de précision du plus récent modèle, établies dans les ateliers au fur et à mesure, et en proportion de l'augmentation énorme de production qui ne cesse d'avoir lieu.

C'est ici, par exemple, que nous voyons des ouvriers arriver à usiner, sur des machines spéciales, des cylindres de moteurs, des paliers de vilebrequins ou autres pièces similaires, dont on travaille les surfaces frottantes exactement au centième de millimètre. Une collection spéciale d'appareils pour assujettir les pièces, de modèles et d'instruments destinés à une mensuration de précision, est mise à la disposition des ouvriers pour faciliter ces opérations.

Les pièces fabriquées dans ces conditions correspondent si parfaitement entre elles que, sans le moindre ajustage, on peut, soit les échanger, soit remplacer celles qui sont devenues inutilisables.

Il est fort intéressant de voir comment on tire un vilebrequin d'une pièce brute venant de la forge. Le travail de nombreuses meules qui servent à obtenir des surfaces absolument lisses, n'est pas moins curieux à suivre.

C'est par ce procédé qu'on évite un inconvénient au sujet duquel on avait, autrefois, les plus vives craintes : nous voulons parler de la déformation des pièces au moment de la trempe, lorsque cette dernière est postérieure à l'usinage à la meule.

Mais ce sont certainement les nombreuses machines automatiques qui provoquent le plus l'admiration des profanes. Ces aides de la métallurgie moderne, qui constituent un des perfectionnements les plus remarquables de la technique, procédant toujours dans le même ordre, aux divers travaux d'apprêt de petites pièces, telles que boulons filetés, écrous, vis, etc. Leurs avantages consistent en une fabrication économique et une exécution de la plus haute précision.

Le travail des ouvriers qui s'occupent chacun de plusieurs machines, se réduit, après avoir réglé une première fois l'appareil automatique, à lui fournir, à de longs intervalles, du métal en tige. En voyant la machine faire avancer la tige, six outils, l'un après l'autre, avec une presque précision invariable, on croirait avoir devant les yeux un être pensant et raisonnant.

travailler au moyen de cinq ou souvent plus, qu'elle emploie les pièces qu'elle exécute

Les usines Benz apportent des soins tout spéciaux à la fabrication des roues dentées, pignons coniques et satellites employés, les uns dans le changement de vitesse, les autres dans le différentiel. Ils sont taillés, d'après un module absolument régulier, dans du métal de la composition requise, sur des machines à cet effet. La maison attache la plus grande impor- tance à l'édu- cation professionnelle des ouvriers chargés de ces machines, car, de la capacité de ces ouvriers, dépendent, en grande partie, certaines qualités des engrenages exécutés.

Le résultat des diverses précautions que nous venons d'énumérer est facile à constater de visu : le roulement est des plus silencieux, parce qu'il se produit avec le minimum de frottement et c'est là une des qualités qui ont fait la renommée de la Benz.

Les rayons des diverses pièces détachées se succèdent jusqu'au montage des moteurs et des changements de vitesse. Les pièces isolées sont assemblées dans cet atelier, pour former les organes principaux de la voiture, tels que : moteur, changement de vitesse, pont arrière.

Le montage des moteurs est contrôlé ensuite dans la salle d'essai, voilà, où on les freine, pendant un temps suffisamment long, à la charge prévue pour chacun d'eux.

Les pièces destinées à tourner à un régime élevé, doivent être de la plus grande précision et parfaitement ajustées. Pour s'en convaincre, on les examine une à une, en démontant le moteur après le freinage. Le montage du châssis et de ses différentes parties se fait, entre temps, dans un autre atelier séparé de celui dont nous venons de parler, par de vastes magasins. On peut donc, sans perdre de temps, mettre le moteur et le changement de vitesse en place.

Parallèlement au grand hall que nous venons de décrire, s'étend un second bâtiment similaire qui, par son étendue, ne le cède en rien au premier. Les ateliers qui y sont disposés sont complètement séparés les uns des autres, en raison de la diversité des travaux qui s'y accomplissent et des méthodes employées. Dans ce corps de bâtiment se trouvent : la carrosserie, la menuiserie, la sellerie, l'atelier de peinture, en un mot, les divers ateliers nécessaires à la construction de la carrosserie.

Ici encore, nous rencontrons des machines fort intéressantes : une presse spéciale pour plier le bois pour les jantes, des machines pour la fabrication de la carrosserie.

Les châssis, prêts à recevoir leurs carrosseries, sont dans le hall voisin; ils viennent de subir sur la route une suite d'épreuves des plus sérieuses, dans des conditions identiques à celles dans lesquelles ils devront être employés par la suite.

La continuation des travaux de préparation comprend une série de nouvelles vérifications des organes du châssis qu'on nettoie ensuite. Après le montage de la caisse de carrosserie, on y place tout l'équipement, tous les accessoires qui peuvent être nécessaires ou utiles à une voiture bien finie.

Les ateliers d'essai des châssis, la fonderie et l'atelier de réparations, sont compris dans trois corps de bâtiments qui leur sont réservés, groupés autour des ateliers de carrosserie et de finition. À côté de ces derniers, et en communication avec eux, se trouvent l'atelier des modèles, la forge, le polissage avec les bains spéciaux. Il y a lieu de remarquer particulièrement la fonderie, dans laquelle s'obtiennent : la fonte de fer, le bronze, le laiton, le métal antifriction, l'aluminium. Une forge spéciale, chauffée à l'huile, permet de fondre un métal antifriction spécial.

Il est très instructif de suivre les travaux qui sont exécutés à la forge. On y voit d'énormes blocs de métal, changés en pièces brutes par de gros marteaux-pilons qui s'abattent avec un bruit sourd : ces blocs deviennent soit des vilebrequins, soit des arbres à cames, soit des jumelles de ressorts ou d'autres pièces encore. La salle est ample, haute, et les ouvriers y sont bien à l'aise pour travailler.

Il est fort intéressant aussi de voir fonctionner les machines pour la vérification du matériel; elles sont installées au premier étage, au-dessus de l'atelier de réparations. Grâce à elles, des ingénieurs et des chimistes exercent un contrôle continuel sur les matières premières, sur les pièces terminées, et se rendent compte de l'effort qu'elles peuvent supporter.

Six moteurs à gaz pauvre, alimentés par des générateurs consommant la briquette de tourbe, donnent la force aux innombrables machines des ateliers. Ces moteurs, comme du reste ceux qui sont installés à la Station Centrale d'Électricité, ont été montés dans les usines spéciales, où la maison Benz ne construit que des moteurs fixes.

L'approvisionnement en eau est assuré par une installation hydraulique spéciale comprenant un réservoir aérien, auquel des pompes, qui débitent 150 mètres cubes à l'heure, fournissent l'eau nécessaire.

Une ramification de la grande cour relie les usines, par un quai de chargement, au réseau des chemins de fer, de sorte que les fournitures de grande consommation, telles que charbon et fer, arrivent sans transbordement à l'endroit où elles sont employées. Les châssis et les voitures peuvent également être chargés sur wagon, sans quitter la cour de la fabrique. Des réseaux à voie étroite facilitent le transport de diverses pièces entre les nombreux ateliers et jusqu'à l'intérieur de ceux-ci.

LES
CHASSIS
BENZ

DESCRIPTION
DES CHASSIS BENZ

D ANS l'ensemble des modèles, on constate différentes nouveautés; nous devons cependant déclarer que notre but, en les adoptant, n'a pas été absolument de ne sortir que des nouveautés. Les détails de construction qui ont rendu nos voitures de course de victoire en victoire, et qui ont acquis, à nos types de série une renommée mondiale incontestée, restent les mêmes de notre point d'appui, le principe même de notre construction.

Nous n'avons adopté, en fait de nouveautés, que celles qui constituent en même temps des améliorations.

Notre participation à presque toutes les courses importantes qui se sont courues ces dix dernières années, nous a fait acquérir actuellement une richesse d'expérience également profitable à nos clients comme à nous-mêmes. Cette expérience nous est précieuse pour juger de la valeur pratique de certaines modifications que les personnes peu averties jugeraient sans importance alors qu'en réalité, elles sont autant de perfectionnements qui procurent de nombreux avantages.

La même expérience nous a permis, entre autres modèles, d'en construire un, notre 200 chevaux qui détient depuis plusieurs années le record du monde officiel de vitesse — 228 kilomètres à l'heure. Ce ne sont que des constructeurs passés maîtres en fait de calculer et d'exécuter chaque pièce, de choisir le matériel le mieux qualifié pour chaque effet, qui peuvent prétendre à un pareil succès. Ce fait acquis explique les qualités supérieures de nos modèles courants, qualités que, lorsqu'il s'agit de choisir une automobile de première marque, portent le connaisseur à mettre au premier rang, la marque "Benz". Comme nous l'avons déjà dit, nous n'avons pas craint, lors de la construction de ces différents types, d'appliquer tous nos principes de construction éprouvés. Le modèle 10 HP, surnommée "la petite Benz", en a profité comme les autres; ce type est conçu et exécuté avec les mêmes soins que les gros modèles, malgré son prix réduit. Nous avons fait tous nos efforts pour obtenir un fonctionnement souple, élastique et silencieux, non seulement du moteur, mais aussi de la transmission. C'est ainsi que nous sommes arrivés à améliorer encore les merveilleux résultats que nous avons obtenus depuis plusieurs années.

MOTEUR : — Les moteurs de tous nos modèles sont à quatre cylindres; ceux des types 10, 12 et 20 HP sont fondus en un seul bloc, tandis que ceux des gros modèles sont groupés.

DISTRIBUTION : — Sauf dans les gros moteurs, les soupapes d'admission et d'échappement sont placées d'un même côté; cette disposition permet de n'employer qu'un seul arbre à cames.

En commandant cet arbre par une chaîne spéciale, et en enfermant les poussoirs de soupapes dans un carter, nous avons obtenu, tout en leur laissant leur accessibilité par un couvercle facile à enlever un fonctionnement absolument silencieux, au point qu'il devient impossible d'arriver à faire mieux.

Nous avons encore augmenté, cette année, les qualités de résistance, grâce auxquelles nos moteurs ont acquis une excellente réputation. Nous avons élargi pour cela, dans la mesure du possible, les dimensions des surfaces portantes, en réduisant le coefficient des masses en mouvement, en dessinant le moteur et en établissant, avec toutes les assises possibles, un système de graissage irréprochable.

GRAISSAGE — Une pompe, de fonctionnement absolument irréprochable, conduit l'huile sous pression, aux différents organes à graisser. Le conducteur est mis à même de la contrôler sans [illegible] par un manomètre placé sur le tableau. Les appareils auxiliaires du moteur sont disposés comme suit:

MAGNÉTO — Elle est placée sur un socle, du coté des soupapes. C'est à l'[illegible] du coté gauche du moteur (pour l'observateur placé sur le siège du conducteur) et commandée par le [illegible].

CARBURATEUR — Il est disposé de l'autre coté du moteur, du coté droit. Dans les petits [illegible] le mélange, en sortant du carburateur, passe par un canal venu de fonte entre les deux parties du cylindre; et se réchauffe en passant, de façon à contribuer ainsi à la régularité de fonctionnement du moteur et arrive du coté des soupapes. Nous obtenons le même résultat dans nos gros modèles en disposant la prise d'air frais du carburateur autour du tuyau d'échappement.

Le carburateur Benz répond, sous tous les rapports, aux desiderata des chauffeurs les plus exigeants. La composition du mélange gazeux, avantageuse à tous les régimes et à toutes les charges, permet un [illegible] toutes les allures intermédiaires, entre les limites de vitesse et de charge les plus [illegible].

De leur coté, l'accélérateur ou [illegible], séparés des diverses pièces de la carburation se produisent de manière à permettre avec la plus grande rapidité le changement de position des organes de réglage. La commande de ces organes est assurée par une manette placée sur le volant et par une pédale contre le [illegible] de direction.

Parmi les avantages spéciaux que possèdent Benz au sujet de l'accessibilité, de la sûreté de fonctionnement et de la [illegible] pratique de leurs divers organes, nous tenons encore à signaler:

Les couvercles latéraux du carter du [illegible] qui permettent de vérifier le fonctionnement des

têtes de bielles en démontant un simple couvercle; une commande de courroie de ventilateur absolument réglable; les robinets de vidange d'eau aux points les plus bas de la chemise de refroidissement et de la circulation d'eau; enfin, les robinets de contrôle d'huile. Tous détails dont l'automobiliste expérimenté saura apprécier la valeur.

RADIATEUR. — A signaler un avantage de plus dans les voitures Benz. Celui-ci consiste en un radiateur breveté dont les propriétés refroidissantes sont notablement augmentées par des bandes de tôle gaufrées, placées en carré. La conséquence est que le courant d'air produit par la marche de la voiture, et celui-ci notablement augmenté par le ventilateur placé derrière le radiateur, enlève à l'eau chaude une telle quantité de calorique, même dans les montées les plus longues et les plus dures, le refroidissement est largement suffisant. Ces conditions excellentes permettent d'arriver à une consommation d'eau minime et de rouler des journées entières sans avoir à en renouveler la provision.

Les dimensions du radiateur, en proportion du nombre de calories à enlever ont été, dans les petites voitures, largement prévues, qu'on a adopté le refroidissement par thermosiphon, c'est-à-dire sans pompe à eau. Dans les gros modèles une pompe est montée sur la circulation d'eau, afin d'en accélérer le fonctionnement. Cette pompe est reliée à la commande de la magnéto, et placée de l'autre côté du pignon de chaîne de commande; la pompe, comme la magnéto, est donc facilement accessible.

Toutes les pièces du chassis proprement dit sont construites avec le même soin, dans les mêmes conditions et sur les mêmes machines de précision modernes que les pièces détachées de nos moteurs. La matière première en est choisie avec le même soin et sans avoir égard à son prix de revient. Cette manière de procéder est de la plus grande importance, surtout pour les organes de transmission de la puissance du moteur aux roues motrices. En effet, ces pièces ont à résister à des efforts considérables, principalement au moment du passage d'une vitesse à une autre, lorsque ce changement est fait brusquement. Nous traiterons du reste ce point avec une attention toute particulière, lors de la description de la transmission.

EMBRAYAGE. — C'est le premier organe qu'on rencontre après le moteur; il se compose d'un cône garni de cuir, qui vient s'emboîter dans la partie conique du volant réservée à cet effet. Le cône est en aluminium dans nos gros modèles et en tôle d'acier emboutie dans les petits.

Les deux dispositions ont l'avantage d'être d'un poids minime qui permet au plateau d'embrayage et à la transmission de s'arrêter dans un espace de temps très réduit. Cet effet est notablement augmenté par un frein d'embrayage, du modèle commun à toutes les Benz. Il fonctionne automatiquement dès qu'on débraye.

Grâce à cette disposition, les pignons de changement de vitesse et de toute la transmission sont mis à l'épreuve d'une manière beaucoup moins dure que dans la plupart des autres marques. C'est par une transmission à articulations que la force motrice est conduite de l'embrayage au changement de vitesse. On évite ainsi

tout coincement ou toute pression anormale dans les paliers du moteur et du changement de vitesse, fait qui ne manquerait pas de se produire pendant une marche rapide, où le châssis est sujet à des réactions spéciales, si la transmission était rigide, sans articulations.

CHANGEMENT DE VITESSE : Le changement de vitesse est fermé hermétiquement pour que la graisse ne puisse pas en sortir et que la poussière ne puisse pas y entrer. Il contient plusieurs couples d'engrenages en prise les uns ou les autres, suivant qu'on embraye les vitesses de façon à provoquer soit la marche arrière de la voiture, soit la marche avant à une vitesse plus ou moins grande. Tous nos modèles sont construits avec quatre vitesses et marche arrière.

Il y a lieu d'attirer tout spécialement l'attention des personnes qui s'intéressent à notre marque, sur la précision avec laquelle sont établis les roues dentées, les pignons satellites ou autres, soit pour le changement de vitesse soit pour le pont arrière. Ces pignons sont construits en acier au nickel chromé, de qualité absolument supérieure, taillés suivant un module absolument régulier, et cémentés ensuite.

Nous sommes arrivés là à une précision de travail telle que, lorsque ces pignons sont en prise, ils tournent on ne peut plus silencieusement, et qu'il n'est pas nécessaire de les ajuster.

Le frottement est extrêmement léger et disparaît au bout de peu de temps. Tous les arbres du changement de vitesse sont montés sur roulements à billes de première marque et tournent dans l'huile. Nous avons prévu divers verrouillages de sûreté des tiges de commande, pour éviter tout embrayage des roues qui ne sont pas en prise.

CARDAN : Plus encore qu'entre le moteur et le changement de vitesse, il est nécessaire de prévoir une articulation entre ce dernier et le pont arrière pour la transmission de la force motrice.

Le pont arrière, en effet, en raison même de sa suspension, est sujet à toutes les réactions que causent les inégalités du sol et se trouve, par suite, continuellement en mouvement.

C'est pour cette raison qu'est disposé à cet endroit un joint à cardan dans un carter hermétiquement fermé. Les axes formant pivot fonctionnent dans un bain d'huile et ne sont sujets, en conséquence, qu'à une usure insignifiante.

DIFFERENTIEL : L'arbre qui va du joint de cardan au pont arrière, est enfermé dans un carter étanche qui vient se joindre au carter du différentiel. Le couple conique d'entraînement, le différentiel qui assure l'égalité du mouvement des roues arrière dans les virages et les deux demi-axes, le tout monté sur roulements à billes, fonctionnent dans un bain d'huile, dans le carter du pont arrière.

La poussée des roues arrière est absorbée par deux tendeurs dont l'extrémité articulée leur permet de suivre librement les oscillations du pont arrière.

FREINS : Les tambours de frein à main sont ajustés sur les flasques des moyeux des roues arrière, les segments sont intérieurs et fonctionnent par extension. Les deux segments doivent être réglés de façon à ce qu'ils portent également; dans le cas contraire, la voiture dévie de sa direction pendant le freinage. C'est pour cette raison que nous avons adopté pour toutes les voitures Benz, un appareil de réglage compensateur absolument automatique et de toute sûreté, qui a été monté sur les tiges de commande du frein à mains ; cet appareil assure et garantit une friction toujours égale des deux segments.

CHASSIS. — Le moteur et les organes que nous venons de décrire sont montés sur le châssis construit en tôle d'acier au nickel.

Celui-ci, par sa forme et la qualité supérieure du métal employé, réunit le double avantage d'être d'une résistance à toute épreuve et d'une grande légèreté. Il est rétréci à la partie avant pour augmenter le rayon de braquage et repose sur les deux essieux par l'intermédiaire de quatre ressorts.

SUSPENSION. — L'emploi d'un nombre suffisant de lames longues, larges et de profil semi-elliptique, donne une suspension d'une grande souplesse.

Le matériel destiné à la construction de pièces soumises à un effort important, est essayé très sévèrement sur des machines spéciales. Malgré cela, les ressorts finis, comme du reste les essieux, sont essayés des plus sérieusement, à la résistance, avant leur montage sur le châssis.

Tous les axes de ressorts sont munis d'un dispositif de graissage intérieur pour la graisse consistante, afin d'éviter d'avoir recours à des coupures de graisse, que la poussière bouche souvent ou qui laissent, peu à peu, échapper le lubrifiant.

DIRECTION. — La disposition si pratique et si avantageuse de notre essieu avant et de notre direction n'a pas été modifiée. L'essieu avant est en acier au nickel forgé profilé en I, et les culbuteurs destinés à recevoir les pivots de direction, sont légèrement déportés vers l'arrière. Les fusées qui tournent sur les pivots de direction, sont montées sur roulements à billes, ce qui donne à la direction une douceur tout à fait remarquable.

LES
PERFORMANCES

EXTRAIT

1894. Paris-Rouen.
1895. Paris-Bordeaux-Paris.
1896. Paris-Marseille-Paris.
Marseille-Nice.
1898. Baden-Leipzig-Berlin.
1899. Francfort-Cologne.
1900. Londres-Edimbourg-Londres.
1901. Paris-Madrid (Paris-Bordeaux).
1904. Course de côte à Huy.
Course de côte à Spa.
Course de côte du Semmering.
1905. Concours Herkomer.
1906. Concours Herkomer.
Meeting de Trieste.
Coppa Florio.
Course de côte du Semmering.
1907. Concours Herkomer.
Taunus-Rennen.
Coupe de l'Empereur.
Course des Ardennes.
Coppa Florio.
Course de côte du Semmering.
Course de côte de l'Alcyon-Théone.

1907. Course Prince de Galles.
Meeting d'Ostende.
1908. Meeting de Brescia.
Course de côte à Prague.
Saint-Pétersbourg-Moscou.
Concours de tourisme en Russie.
Concours Prince Henri.
Semaine Rabassaire Trois.
Grand Prix de France.
Meeting de Boulogne-sur-Mer.
Course de côte La Semaine de.
Grand Prix d'Amérique (Savannah).
1909. Meeting de Munich.
Course de côte du Bois Carré.
Meeting à Jersey (H.-P.).
Course de côte en St-Julin.
Course de côte de Gaillon-Gorges.
Course de côte à Mortosa.
Semaine automobile à Saint-Sébastien.
1909. Meeting d'Inchautgrée.
Concours de tourisme St-Pétersbourg-Moscou-St-Pétersbourg.

1910. Course de côte à Riga.
Course de côte du Semmering.
Championnat du monde. Les courses Brooklyn.
1910. Concours d'endurance New-York Atlanta (Georgia).
Meeting d'Atlanta (Georgia).
1911. Semaine d'Herme.
Course de côte de Brême.
Course de côte en Moscou-Orel.
Coupe de la Meuse.
Course du kilomètre à Anvers.
Meeting d'Ostende.
Meeting de Boulogne-sur-Mer.
Course de côte à Gaillon.
Grand Prix d'Amérique (Savannah).
1911. Meeting d'ouverture d'Ostende.
Coupe de la Meuse.
Course du kilomètre à Anvers.
Meeting de Herthe.
Coupe du Tzar.
Coupe du Caucase.
Course de Pyrmont-Paris.

1912

TOUR DE FRANCE
(Du 1er au 20 Mai)

Les deux DOUBLE BENZ terminent brillamment le long parcours totalisant de 4000 kilomètres, accomplies par un très mauvais temps, sur des routes qui souvent, n'étaient pas en état. Elles n'ont pas eu une seule panne et se voient attribuer la plus haute récompense : le prix d'élégance offert par la ville de Lyon.

SEMAINE AUTOMOBILE DE CANNES
(Du 24 au 31 Mars)

Fritz, sur DOUBLE BENZ, premier du classement général, remporte, en outre, le premier prix de consommation, le premier prix de souplesse et le premier prix d'arrêt au frein.

COURSE DU KILOMÈTRE A ANVERS
(19 Mai)

Vainqueur Spécuctis sur sa BENZ avec laquelle il atteint une moyenne de 135 kilomètres 900 sur route.

CONCOURS INTERNATIONAL DES ALPES
(Du 16 au 27 Juin)

Lautfer, Pram et Philipp, sur voitures BENZ, terminent sans pénalité aucune et gagnent le prix d'honneur du Prince Alexandre de Solms-Braunfels, le prix d'honneur de Son Excellence le Ministre de la Guerre et le prix d'honneur de Son Excellence le Ministre des Travaux Publics.

CONCOURS DE RÉGULARITÉ EN RUSSIE
(Mois de Juin)

[illegible]

COURSES DE VITESSE
A RIGA ET A VARSOVIE
(Juillet)

[illegible]

COURSE DU MONT VENTOUX
(Août)

[illegible]

CONCOURS DE LA
GRANDE DUCHESSE VICTORIA DE RUSSIE
(du 9 au 22 Septembre)

[illegible]

COURSE DE 100 KILOMÈTRES, A MOSCOU
(1er Septembre)

[illegible]

COURSE DE CÔTE DE SAINT-SÉBASTIEN
(23 Septembre)

[illegible]

COURSE DE CÔTE DE SPA-MALCHAMP
(7 Septembre)

[illegible]

COUPE DE LA "MEUSE"
(6-7 Septembre)

[illegible]

COURSE DE CÔTE DE GAILLON
(1er Octobre 1922)

[illegible]

164 kilomètres de moyenne sur la côte de 9[illegible]

NOS RECORDS DU MONDE

[illegible]

Distance	Temps	Conducteur	Lieu	Date
1 kilomètre	[illegible]	[illegible] Barney	Daytona (Floride)	[illegible]
1 mille	[illegible]	Bob Burman	Daytona (Floride)	[illegible] 1911
2 milles	[illegible]	Bob Burman	Daytona (Floride)	[illegible] 1911

RECORD DU MONDE OFFICIEL DE VITESSE
228 KILOMÈTRES A L'HEURE

[illegible]

DERNIÈRES RÉCOMPENSES :

[illegible]

TORPEDO DE LUXE

CARROSSERIE dont la ligne sobre et caractéristique est unanimement admirée. Construite en matériel de qualité supérieure, elle est fort résistante. Montée sur nos châssis 10 et 12 HP, elle constitue une excellente petite voiture de tourisme qui peut être employée aussi avantageusement pour un service de ville.

DEUX BAQUETS AVEC SPIDER

DE formes très heureuses, cette
carrosserie, montée sur nos châssis,
fait la voiture à deux places la plus
pratique. Les carrosseries de ce modèle
pèchent bien souvent par la disproportion de
la ligne arrière. Ce n'est jamais le cas dans
nos voitures, où l'inclinaison spéciale de la
direction ramène cette ligne à de justes
proportions, même pour les gros châssis.
Notre deux baquets est fort élégante.

TORPÉDO DE GRAND LUXE

EXECUTION de choix.
Capote modèle spécial fermant hermétiquement à l'aide de bas-côtés.
Pare-brise réglable.
Garniture en cuir excessivement souple et confortablement rembourrée.
Ligne très élégante.
Nous construisons ce torpédo en différents modèles. C'est la voiture de grand tourisme par excellence.

LA carrosserie est basse, pratique,
l'intérieur mollement rembourré et
capitonné avec le plus grand soin.
La garniture de grand luxe assortie.
C'est sur nos châssis bien connus par leur
roulement extrêmement silencieux, la plus
agréable en même temps que la plus jolie
voiture de ville.

LIMOUSINE DE GRAND LUXE

CARROSSERIE élégante et spacieuse. La plus confortable parce qu'étudiée dans ses moindres détails pour satisfaire les personnes les plus exigeantes.

Elle se met sur nos gros châssis à partir de 20 HP, et convient admirablement à tous les services : château, grand tourisme, ville, etc.

CONDITIONS DE VENTE

GARANTIE : Toutes nos voitures sont longuement essayées au banc et mises au point avant leur expédition. Nous garantissons nos automobiles pendant six mois, à dater de la livraison, contre tout défaut de la matière ou de construction ; cette garantie consiste exclusivement à réparer ou remplacer gratuitement, à notre choix, l'objet rendu à nos usines et reconnu défectueux. La gratuité doit être réclamée en faisant la demande d'échange ou de réparation. Aucun autre remplacement gratuit n'a lieu et notre garantie ne s'étend ni aux pneumatiques, ni aux chaînes. Nous déclinons toute garantie pour les machines ou pour leurs parties modifiées ou réparées en dehors de nos usines, ainsi que toute responsabilité en cas d'accidents de personnes ou de choses. Les expéditions sont faites aux risques et périls des destinataires.

DÉLAIS DE LIVRAISON : Nous nous efforçons toujours de respecter les délais convenus ; toutefois, en cas de retard, nous ne serions pas tenus à payer des dommages et intérêts quelconques.

LEÇONS : Nous mettons pendant quelques jours, un instructeur à la disposition de nos clients, pour leur enseigner le maniement et l'entretien de nos voitures. Le voyage de cet instructeur, ainsi qu'une certaine indemnité, sont à la charge du client.

MODE DE PAIEMENT : Un tiers à la commande ; le reste à la livraison.

L'EMBALLAGE se facture en sus, au prix coûtant, et n'est jamais repris.

REMARQUES GÉNÉRALES : Tous nos prix pour voitures complètes ou châssis comprennent un carter protecteur démontable en tôle, protégeant moteur, embrayage et boîte de vitesses. Nous livrons, en outre, un choix très complet d'outils et de pièces de rechange, ainsi qu'un cric et un nécessaire de pneumatiques avec pompe. Nous conservons la liberté d'apporter à nos voitures, au cours de l'année, toutes les modifications que nous jugerons utiles.

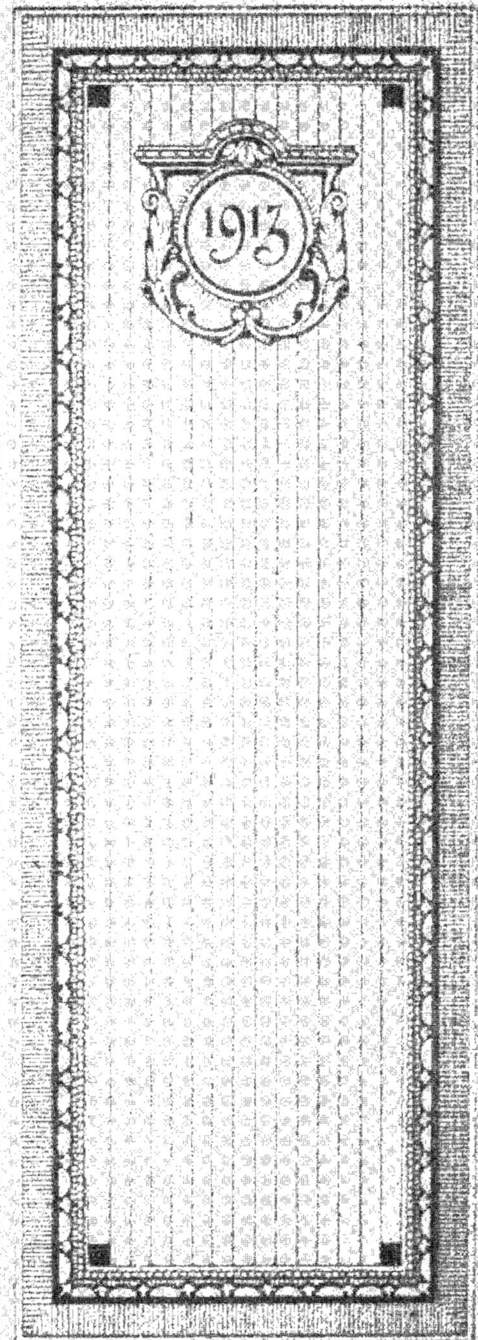

1913